Norbert Golluch

Müllabfuhr in Aktion

Mit Bildern von Dorothea Tust

ANNETTE BETZ

Müllwagen versperrt Linienbus den Weg!

Timo und Lina sind mit ihrer Mutter zum Einkaufen in die Stadt gefahren. Leider haben sie das Einkaufszentrum noch nicht erreicht, denn ein orangefarbener Müllwagen versperrt ihnen den Weg. Er fährt ein Stückchen und hält dann wieder an. Männer steigen vom Fahrzeug, holen die Mülltonnen vom Straßenrand und leeren sie aus. Das dauert immer ein paar Minuten. Der Busfahrer kennt das schon. Geduldig wartet er ab. Manche Fahrgäste schimpfen: »Mensch, macht doch Platz!« Auch Timo und Lina sind ungeduldig. Müllabfuhr – muss das denn sein? »Was glaubt ihr, wie das hier in der Stadt riechen würde, wenn der Müll nicht jede Woche abgefahren würde!«, lacht Mutter. »Jetzt oder später – Müllabfuhr muss sein!«

So wurde in Hamburg 1609 der Müll abgeholt. Ein Handkarren und zwei kräftige Männer – das musste genügen.

Früher gab es nur eine öffentliche Müllabfuhr, die einmal in der Woche die volle Mülltonne abholte. Heute ist die Entsorgung unterschiedlich geregelt: In manchen Orten holt die städtische Müllabfuhr alle Müllarten ab. In anderen Städten haben Firmen ihre Arbeit übernommen. Eine Firma holt den **Biomüll**, eine andere den **Plastikmüll** und eine dritte den **Restmüll** ab. Auch für den **Sperrmüll** ist manchmal ein eigenes Unternehmen zuständig.

Müll wird unterschiedlich gesammelt: im Mülleimer,
im Plastiksack oder in einer Kiste.

Achtung: Was in eine
Mülltonne rein soll,
steht außen drauf!

Ein Tag bei der Müllabfuhr

Tschüss, heute sind wir in Münchberg!

Der Tag beginnt für einen Müllmann sehr früh, meist um 6 Uhr morgens im Depot – dort wo die Müllfahrzeuge stehen. Nachdem alle die Arbeitskleidung angezogen haben, startet der Fahrer die für diesen Tag vorgesehene Route. Die kann er im Einsatzplan nachlesen.

In der richtigen Straße angekommen, geht es los: Der Fahrer bleibt im Wagen und steuert.

Die beiden anderen Müllmänner steigen aus und schieben die Tonnen zum Müllwagen, haken sie dort in eine Haltevorrichtung ein, betätigen einen Hebel, die Tonne wird gehoben und in den Wagen entleert. Durch Rütteln am Hebel fällt der letzte Rest Müll aus der Tonne. Dann lassen sie die Tonnen herunter und bringen sie an den Straßenrand oder ins Haus zurück. So geht es von einem Gebäude zum anderen.

Einsatzzentrale, Garage und Werkstatt in einem
Im Depot werden die Müllwagen nicht nur abends
untergestellt. Hier werden sie auch gereinigt, gewartet
und, wenn nötig, repariert. Hierfür beschäftigt die
Entsorgungsfirma besonders ausgebildete Mitarbeiter.

Wenn der Müllwagen voll ist, muss er ausgeleert werden. Dazu fährt er zur Mülldeponie oder Verbrennungsanlage. Leer geht er wieder zurück ins Einsatz-
gebiet, wo die Runde fortgesetzt wird. Wenn alle
Mülltonnen entleert sind und der Wagen zum zweiten
Mal auf der Müllkippe war, geht es zurück ins Depot.
Die Fahrer können dort duschen, sich umziehen und
ihren Feierabend beginnen.

Die Fahrzeuge der Müllabfuhr

Die Müllabfuhr verwendet viele unterschiedliche Fahrzeuge. Mancherorts werden große spezielle Müllsammelwagen eingesetzt. In ärmeren Ländern wird der Müll auch noch auf offenen Lastwagen oder Karren weggefahren. Diese Seite zeigt einige gebräuchliche Fahrzeuge:

Dieser Müllwagen ist für größere Müllcontainer geeignet. Wenn er voll ist, lässt sich sein ganzes Hinterteil einfach hochklappen und ein hydraulischer Schieber drückt den Müll heraus.

Für das bessere Rangieren in engen Straßen hat dieser Wagen eine lenkbare Hinterachse.

Bei diesem Fahrzeug werden Mülltonnen in den Müllbehälter entleert. Ein hydraulischer Mechanismus hilft dabei.

Wenn irgendwo viel Müll anfällt, z. B. auf einer Baustelle oder in einer Fabrik, kann man einen Container benutzen. Ist er voll, wird er gegen einen leeren ausgetauscht. Der volle Container wird auf einem Lkw zur Entsorgung gebracht.

Das modernste Modell: Ein seitlich angebrachter Greifarm hebt die Mülltonnen, entleert sie vollautomatisch und stellt sie an den Straßenrand zurück. Der Fahrer sitzt tief wie bei einem Pkw, damit er im Notfall schnell aussteigen kann. Eine Kamera am Heck des Müllwagens und ein Monitor auf dem Armaturenbrett sorgen beim Rangieren für gute Sicht nach hinten.

Der Sprengwagen befeuchtet Straßen und Plätze und verhindert so frei fliegenden Staub. Manchmal folgt ihm eine Kehrmaschine, die so alles auffegen und einsaugen kann, ohne große Staubwolken aufzuwirbeln.

Diese Kehrmaschine wird für große Plätze und breite Straßen eingesetzt. Sie säubert mit ihren drehenden Bürsten den Rinnstein und befeuchtet ihn gleichzeitig. Übrigens: Nicht überall gehört die Straßenreinigung zu den Aufgaben der Müllabfuhr!

Auch Sperrmüll wird von der Müllabfuhr abgeholt. Dafür verwendet sie spezielle Fahrzeuge, die die einzelnen Teile schon während der Fahrt zerkleinern.

Auf der Insel Juist übernehmen seit vielen Jahren solche Pferdefuhrwerke die Müllabfuhr.

Das Innere eines Müllwagens

Müllwagen mit Drehtrommel: Hier geht es rund

Durch die Drehung der Trommel wird der Müll nach vorne in Richtung Fahrerkabine transportiert. Spiralförmige Wülste an der Innenseite der Trommel schieben den Müll vorwärts. Wenn der Wagen voll ist, geht es andersherum: Auf der Müllkippe wird das Heck hochgeklappt, die Drehtrommel in umgekehrter Drehrichtung eingeschaltet und der Müll hinausgeschoben.

Müllwagen mit Presssystem: Hier wird Druck gemacht

Ein hydraulisches Ladesystem am Heck des Wagens schiebt den Müll ins Wageninnere. Dabei wird der Müll gegen die Abschlusswand gedrückt. Diese Wand ist verschiebbar und befindet sich beim leeren Wagen gleich hinter der Schüttung. Sie hält viel Druck aus und presst den Müll zusammen. Wenn sich der Wagen füllt, bewegt sich die Wand in Richtung Fahrerkabine. So passt sehr viel Müll hinein. Wenn der Wagen voll ist, wird das Heck hochgeklappt, die Abschlusswand fährt nach hinten und schiebt den Müll aus dem Wagen.

So wird der Müll in das Innere des Pressmüllwagens befördert.

Die richtige Arbeitskleidung

Die Arbeitskleidung muss die Müllmänner nicht nur vor Wind und Wetter schützen. Oft müssen Mülltonnen auf viel befahrenen Straßen bewegt werden. Leicht kann es zu Verkehrsunfällen kommen.
Die auffallend farbige Weste (meist orange) sorgt dafür, dass Müllmänner im Verkehr gut zu sehen sind.

Schutzweste

Arbeitsjacke

Latzhose

Gürtel

Handschuhe

Arbeitsschuhe

Feste Handschuhe schützen vor spitzen und scharfen Dingen in Müllsäcken. Arbeitsschuhe mit Stahlkappen verhindern, dass die Füße durch herabfallende Gegenstände verletzt werden.
Manchmal rinnt aus den Tonnen Flüssigkeit aus – für die stabilen Schuhe aber kein Problem!

Die Stadtreinigung ist aber nicht nur für die Müllabfuhr zuständig, auch die Straßen müssen regelmäßig sauber gemacht werden.

Der lose Abfall wird zusammengefegt, in Säcke gepackt und dann mit einem Kehrrichtsammelfahrzeug abtransportiert. Danach kann der Sprengwagen die Straße reinigen.

Im Winter müssen die Straßen vom Schnee befreit werden. Dabei helfen Streufahrzeuge und Schneepflüge. Dort, wo sie nicht hinkommen, muss mit Schneeschaufeln gearbeitet werden. Auch im Herbst, wenn die Fuß- und Radwege von den Blättern gefährlich rutschig sind, kommen die Müllmänner zum Einsatz. Das gesammelte Laub wird in Kompostanlagen wieder zu Erde gemacht.

Meisterwerke auf dem Sperrmüll und sogar
Geldbündel in der Mülltonne haben Müllmänner schon entdeckt. Meistens ist aber nur
eines in den Tonnen: Müll.

Mit dieser Kehrmaschine und dem
Gebläsegerät wird das Laub entfernt.

Was eine Familie an Müll produziert

Ganz ohne Abfall geht es sicher nicht, aber man kann mit Müll ganz unterschiedlich umgehen. Es kommt darauf an, wie viel Müll jeder Einzelne verursacht. Schauen wir uns zwei Familien in ihrem Alltag an: **Familie Schlaumeier** vermeidet Müll, wo sie nur kann. Getränke werden nur in Mehrwegflaschen gekauft oder ganz ohne Flasche: zum Beispiel Tee.

Wenn sie zum Einkaufen geht, nimmt die Familie eine Tasche oder einen Korb mit. Waren, die keine Verpackung brauchen, zum Beispiel Zwiebeln oder Orangen, werden unverpackt hineingelegt. Überflüssige Verpackungen bleiben direkt im Laden. Für Waren, die verpackt werden müssen, kann man auch mitgebrachte Gefäße oder Tüten verwenden.

Bei Schlaumeiers

Die Familie kauft nichts Überflüssiges und nichts Unnötiges. Ist eine Haushaltsmaschine defekt, wird zuerst an Reparatur gedacht und nicht gleich alles einfach weggeworfen.

Der **Familie Ganzegal** ist der Müll ziemlich egal: Sie achtet überhaupt nicht darauf, wie viel Abfall sie produziert. Getränke werden in Einwegverpackungen gekauft und zuhause stehen überall Dosen und Plastikflaschen herum. Pfand? Ganz egal!

Zum Einkaufen geht die Familie einfach so – ohne Tasche und ohne Tüte. Wozu gibt es diese schicken Plastiktüten in den Supermärkten? Zuhause wird alles ausgepackt und dann sofort hinein in den Müll mit der Plastiktüte!

Wenn etwas kaputtgeht, wird es sofort weggeworfen. Volle Mülltonnen stören nicht – in einer ist immer noch Platz. Restmüll in der Papiertonne oder im Biomüll? Das macht doch nichts!

Bei Ganzegals

Mit Vorliebe kaufen manche Leute Waren, die hübsch und ansprechend verpackt sind. Je schöner die Verpackung, desto lieber greifen sie zum Geldbeutel. Eigentlich fallen sie auf die Verpackungen herein und kaufen etwas, was nachher schnell auf den Abfall wandert: wertlose Dekoration für Waren.

Klar, dass ihre Mülltonnen immer voll sind.

Was wird aus unserem Abfall?

Timo und Lina überlegen: Was wird eigentlich aus den Dingen, die wir wegwerfen?
»Die kommen alle auf die Deponie!«, meint Timo, aber Mutter sagt: »Nein, Timo, es kann sogar sein, dass uns ein und dasselbe Stück Papier zwei oder drei Mal ins Haus kommt – zuerst als Buch, danach als Karton und zum Schluss als WC-Papier.« Timo muss lachen: »Dann wird aus Linas Lieblingsbuch vielleicht mal ein Eierkarton gemacht?«

Mutter muss lachen: »Ja, das ist durchaus möglich!«

PAPIER

Das Papier wird verschnürt und gestapelt.

ALTPAPIER

Aus Altpapier werden Zeitungen, Kartons …

Es wird zerkleinert.

Das Papier wird zugeschnitten.

Der Brei wird gewalzt und getrocknet.

Das gesammelte Altpapier kommt in einen großen Behälter, in dem es zerkleinert und »de-inkt« wird. Deinken heißt, die Druckerschwärze herauszulösen, damit das Papier möglichst weiß wird. Ist das Papier zu stark verunreinigt, wird Pappe oder Karton daraus.

PLASTIKMÜLL

KUNSTSTOFF

Kunststoff wird sortiert und zerkleinert.

Es entstehen neue Säcke, Folien, Flaschen ...

Verunreinigungen und Etiketten werden entfernt.

Die zerkleinerten Becher, Flaschen usw. werden geschmolzen.

Plastikverpackungen werden in gelben Säcken bzw. gelben Tonnen gesammelt und können wiederverwendet werden. Allerdings nicht ganz so gut wie Glas und andere Altstoffe. Das Problem sind Verunreinigungen durch Farbstoffe. Für neue Plastikgegenstände kann deshalb nur ein bestimmter Anteil von altem Plastik beigemischt werden. Je schlimmer die Verunreinigung, desto dunkler ist der neue Gegenstand. Irgendwann wird aus einem weißen Joghurtbecher also ein dicker schwarzer Plastikeimer ...

Aufteilung des Hausmülls in verschiedene Stoffe:

organische Abfälle

Papier Pappe

Asche Mineralstoffe

Glas

Kunststoff

Metall

Sonstiges

Fast die Hälfte des Hausmülls ist also organischer Abfall, den man kompostieren kann!

Auch Altglas kann wiederverwertet werden – es entsteht neues, blitzsauberes Glas daraus. Und anders als Plastik wird Glas bei der Wiederverwertung nicht schlechter. Deshalb ist es gut, wenn man Abfallglas nach Farben sortiert. Braun- und Grünglas kannst du oft auch in einer gemeinsamen Tonne entsorgen.

ALTGLAS

Altglas wird nach der Farbe sortiert.

Neue Flaschen werden produziert.

Die Flaschen werden geschmolzen.

In der Hammermühle werden die Flaschen zerkleinert.

Mehrwegflaschen kann man öfter verwenden. Du erkennst sie an einem bestimmten Zeichen und kannst sie zurück ins Geschäft bringen. Die Flaschen werden dann gereinigt und wieder befüllt.

Eine Mehrwegflasche kann bis zu 60 Mal wieder befüllt werden!

BIOMÜLL

Salat, Gemüsereste und Obstschalen kann man im Garten kompostieren – das vermeidet Müll! Aber Vorsicht: Haushaltschemikalien im Biomüll würden den Kompost verderben, denn aus Biomüll wird neue Komposterde, auf der Pflanzen wachsen!

RESTMÜLL

Materialien, die aus mehreren Stoffen bestehen, lassen sich nur schwer wiederverwenden. Sie wandern in den Restmüll. Dieser Müll wird von Arbeitern kontrolliert und Abfall, der nicht hierher gehört, wird aussortiert.

Verbrennungsanlage

Deponie

Wird man Müll immer trennen müssen?
Die Technik bei der Weiterverarbeitung von Hausmüll entwickelt sich weiter. Schon bald wird das Trennen von Hausmüll möglicherweise nicht mehr notwendig sein. Es wird daran gearbeitet, dass der Müll bei der Entsorgung maschinell getrennt wird.

Auf der Mülldeponie

Wenn ein Müllwagen auf der Deponie ankommt, wird er an der Pforte gewogen, registriert und kontrolliert. Es wird genau festgehalten, was er geladen hat. Für Lastwagenladungen mit Müll aus Firmen und Industriebetrieben müssen je nach Gewicht des Abfalls Müllgebühren bezahlt werden. Grünabfälle, Altholz, Glas, Altpapier, Metalle und Plastikabfälle kommen direkt in die jeweilige Verwertungsfirma oder werden auf der Deponie gesondert gelagert und für das Recycling vorbereitet. Biomüll wird auf vielen Deponien an Ort und Stelle geschreddert (zerkleinert) und zu großen Komposthaufen aufgetürmt. Haus- und Sperrmüll, so genannter Restmüll, bleibt auf der Deponie – er wird endgelagert. Dieser Müll wird mit großen Maschinen zusammengepresst und aufgeschichtet, bis richtige Müllberge entstehen.

Mann! So viele Tiere auf der Deponie!

Roter Milan

Möwen

Krähe

Umschließungswand rund um die Deponie

Kunststofffolie

Wasserundurchlässiger Boden

Die Mülldeponie ist ein spezielles Lager für Abfälle aller Art und wird nach besonderen Sicherheitsbestimmungen angelegt. So muss z. B. der Boden unter den Abfallbergen wasserundurchlässig sein, damit nicht Schadstoffe in das Grundwasser und somit in das Trinkwassernetz eindringen. Bei mancher Deponie bietet eine natürliche Ton- oder Lehmschicht diesen Schutz. Bei anderen wird für eine Versiegelung des Bodens beim Bau der Deponie gesorgt.

Schad- und Problemstoffe müssen gesondert gesammelt und sortiert werden und können später – z. B. in einer Müllverbrennungsanlage – fachgerecht entsorgt werden.

Wenn eine Deponie voll ist, schüttet man Erde darüber. Nach einiger Zeit wächst Gras und man kann den Müllberg kaum mehr erkennen.

Wildschwein

Fuchs

Enten

Leben auf der Mülldeponie

Viele Lebewesen ernähren sich von den Dingen, die wir Menschen wegwerfen. Nicht nur Bakterien und Kleingetier – auch für größere Tiere wie Möwen, Krähen, Füchse, Rehe, Enten, Frösche und sogar Wildschweine ist die Deponie ein Lebensraum mit gutem Futterangebot. Verwilderte Katzen und sogar Greifvögel kommen auf Deponien vor!

Die Sondermüll-Sammelstelle

Der Sondermüll wird in der Sondermüll-Sammelstelle zunächst einmal gesammelt und sachgerecht gelagert. Die Männer und Frauen, die hier arbeiten, kennen sich mit Sondermüll genau aus. Die verschiedenen Schadstoffe werden in besonderen doppelwandigen Containern oder Plastikbehältern aufbewahrt. Unterschiedliche Stoffe dürfen sich nicht vermischen, denn sonst kann es zu unerwarteten Reaktionen kommen.

So ist es richtig! Zu bestimmten Terminen kommt außerdem das Sondermüllmobil in jeden Stadtteil. Wer Sondermüll hat, kann ihn auch dorthin bringen.

So geht es nicht! Der Müllmann hat gefährlichen Sondermüll in einer Hausmülltonne entdeckt. Jetzt muss er dafür Sorgen, dass die gefährlichen Stoffe zur Sondermüll-Sammelstelle kommen. Für den Besitzer der Mülltonne wird es Ärger geben …

Was gehört auf den Sondermüll?

Computerschrott, Farben, Lacke, Lösungsmittel, scharfe Reiniger, Batterien und defekte Akkus, Dünge- und Pflanzenschutzmittel, Speisefette und Öle, Ölfilter, Chemikalien, Kleber, Lösemittel, Säuren und Laugen und vieles mehr müssen in den Sondermüll. Wegen ihres FCKW-Gehaltes gehören alte Kühlschränke ebenfalls dazu. Auch Feuerlöscher, Leuchtstoffröhren und Energiesparlampen gehören nicht in den Hausmüll.

Eine Reihe von Sicherheitsmaßnahmen schützt die Mitarbeiter der Sondermüll-Sammelstelle:

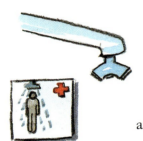
Eine **Notdusche** ist leicht erreichbar. Kommt ein Mitarbeiter mit einem giftigen, ätzenden oder sonstwie gefährlichen Stoff in Kontakt, so kann er sich sofort abduschen.

Wenn sie mit Lösungsmitteln und anderen gefährlichen Flüssigkeiten umgehen, geschieht dies in einem Raum mit Gitterfußboden. Kippt ein Behälter um oder läuft etwas aus, steht der Müllwerker nicht »mitten in der Soße« — alles fließt nach unten in eine **Auffangwanne**.

Die **Augendusche** hilft, wenn einem Mitarbeiter Flüssigkeiten ins Gesicht gespritzt sind. Der Betätigungsschalter ist riesig — falls man nicht richtig sehen kann.

Stabile **Sicherheitsschuhe** schützen, falls aus einem Gefäß giftige Flüssigkeiten austreten.

Wenn Müll auf Reisen geht – die Umladestation

Nicht jeder Abfall kann dort entsorgt oder wiederverwertet werden, wo er entsteht. Möglicherweise muss er zur Verbrennung oder Wiederverwertung über weite Strecken transportiert werden. Dazu werden unterschiedliche Verkehrsmittel genutzt. In der Umladestation wird Müll mit Lastwagen angeliefert und in große Container umgeladen. Die Container reisen per Eisenbahn oder per Frachtschiff weiter zu ihrem Bestimmungsort.

Was für die einen Abfall ist, ist anderenorts wertvoller Rohstoff: Altpapier wird zur Papierfabrik, Altglas zum Flaschenhersteller gefahren. Eisen und andere Metalle werden dort weiterverarbeitet, wo es Hochöfen gibt.

Nicht nur wiederverwertbare Stoffe werden transportiert – auch Restmüll und Sondermüll müssen z. B. zur Verbrennungsanlage.

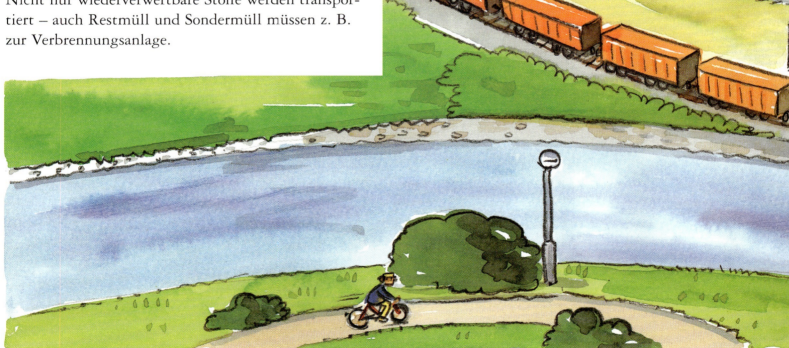

Mülltransport mit dem Zug

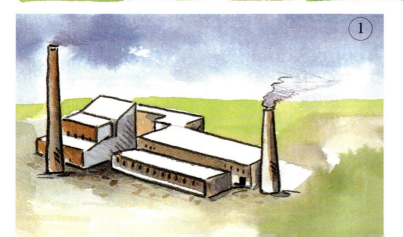

(1)

In der **Müllverbrennungsanlage** (1) wird der Müll zerkleinert und von nicht brennbaren Stoffen wie Metallen gesäubert.

Im Feuerraum, wo hohe Temperaturen herrschen, wird er verbrannt (2).

Bei der Verbrennung entsteht Wärme, die man für das Fernwärmenetz oder zur Stromerzeugung nutzt (3).

Täglich kommen viele Müllwagen.

Verwaltungs-
gebäude

Abtransport mit Lkw
zur Weiterverarbeitung

Frachtschiff mit Container

Müll, der nicht in die Tonne passt

Was nicht in die Mülltonne passt, wie Möbel, Matratzen, Teppiche und Bilderrahmen, ist sperrig und gehört zum Sperrmüll. Er wird gesammelt und von den Müllmännern weggefahren. Aber was der eine wegwirft, kann der andere vielleicht noch brauchen. So mancher alte Bilderrahmen findet auf dem Flohmarkt oft einen neuen Besitzer.

Elektroschrott kommt aber zum Sondermüll!

Auch eine andere Art von Müll passt nicht in die Tonne. Nicht einmal die Sperrmüllabfuhr kann diesen Müll mitnehmen: alte Autos. Heute denkt man schon beim Bau von neuen Autos an ihr Ende: Diese neuen

Autowracks lassen sich in ihre Einzelteile zerlegen und genau das geschieht, wenn ein Auto verschrottet werden muss. Von fleißigen Helfern – auch eine Art Müllmänner – wird es in seine Teile zerlegt:

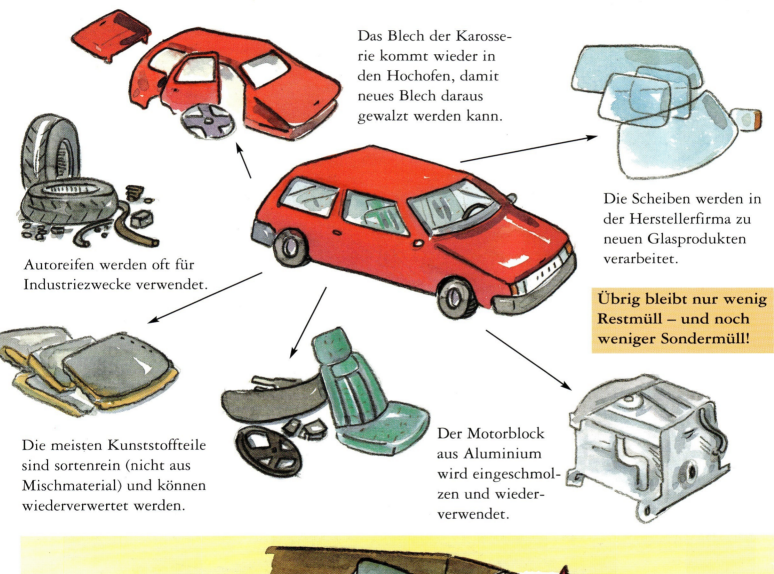

Das Blech der Karosserie kommt wieder in den Hochofen, damit neues Blech daraus gewalzt werden kann.

Die Scheiben werden in der Herstellerfirma zu neuen Glasprodukten verarbeitet.

Übrig bleibt nur wenig Restmüll – und noch weniger Sondermüll!

Autoreifen werden oft für Industriezwecke verwendet.

Die meisten Kunststoffteile sind sortenrein (nicht aus Mischmaterial) und können wiederverwertet werden.

Der Motorblock aus Aluminium wird eingeschmolzen und wiederverwendet.

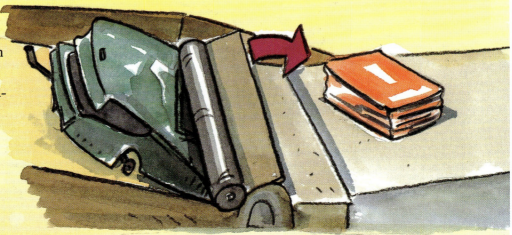

Früher wurden Autowracks einfach auf Schrottplätzen gelagert. Hin und wieder wurden noch brauchbare Ersatzteile ausgebaut. Oder sie wurden in einer riesigen Presse zu einem Klotz aus Blech und viel Müll gepresst.

Die Natur macht keinen Müll

Das Leben einer Pflanze zum Beispiel ist ein perfekter Kreislauf der Stoffe. Wenn ein Samenkorn in die Erde kommt, beginnt eine neue Pflanze zu wachsen. Die Stoffe, die sie benötigt, entnimmt sie aus dem Boden und der Luft. Die Energie liefert die Sonne. Wenn die Pflanze ihren Lebenskreislauf beendet hat, stirbt sie ab und ihre Teile werden von Bodenbakterien und anderen kleinen Lebewesen wieder zu Erde zurückverwandelt. Nichts bleibt übrig – außer neue Nahrung für neue Pflanzen.

nach 2 Jahren

Kompostbehälter

Du kannst Biomüll entweder in die Tonne oder auf einen Komposthaufen geben.

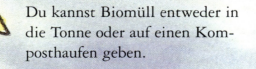

Biotonne

Entsorgen wie die Natur: der Komposthaufen

Ein richtiger Komposthaufen ist eine wunderbare Einrichtung: Auf ihm werden organische Abfälle in beste Gartenerde umgewandelt.

Das sollte man über den Komposthaufen wissen:
Da die Lebewesen, die die organischen Abfälle zersetzen, kein Licht mögen, sollte sich der Kompost an einem schattigen Platz befinden. Außerdem kann er im Hochsommer in der Sonne austrocknen.

Der Kompost braucht auch Luft. Ohne Sauerstoff beginnt der Abfall zu faulen und stinken und es wird keine gesunde Erde daraus. Nach einer gewissen Zeit muss der Komposthaufen daher gewendet werden.

Natürlich gehören keine Pflanzenteile auf den Kompost, die mit Pflanzenschutzmitteln oder anderen Chemikalien behandelt sind. Sie würden die Lebewesen im Kompost abtöten und auch den Vögeln schaden, die sich gerne den einen oder anderen leckeren Wurm oder Käfer aus dem Kompost ziehen.

2 Jahre